幼兒小百科·5·

# 不一樣的恐龍

張玉光◎編著

中華教育

幼兒小百科·5

# 不一樣的恐龍

張玉光◎編著

**出版 / 中華教育**

香港北角英皇道 499 號北角工業大廈 1 樓 B

電話：(852) 2137 2338 傳真：(852) 2713 8202

電子郵件：info@chunghwabook.com.hk

網址：http://www.chunghwabook.com.hk

**發行 / 香港聯合書刊物流有限公司**

香港新界大埔汀麗路 36 號 中華商務印刷大廈 3 字樓

電話：(852) 2150 2100 傳真：(852) 2407 3062

電子郵件：info@suplogistics.com.hk

**印刷 / 美雅印刷製本有限公司**

香港觀塘榮業街 6 號海濱工業大廈 4 字樓 A 室

**版次 / 2019 年 12 月第 1 版第 1 次印刷**

©2019 中華教育

**規格 / 16 開（205mm x 170mm）**

ISBN / 978-988-8674-17-6

責任編輯：郭子晴 馬楚燕

裝幀設計：陳淑娟

排版：時潔

印務：劉漢舉

# 目錄

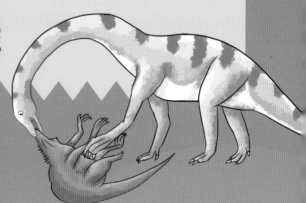

## 噓！恐龍來了

## 第一章 植食性恐龍

## 第二章 肉食性恐龍

## 穿越時光隧道看恐龍

恐龍是一種生活在很久很久以前的爬行動物。在恐龍生活的時代，沒有任何一種其他動物能夠和牠們抗衡，牠們可是當時地球上的統治者呢。恐龍根據食性的不同，主要分為植食性恐龍和肉食性恐龍，還有部分雜食性恐龍。

### 恐龍的生活很無聊

恐龍的生活可沒有我們人類的生活豐富多彩。牠們跟今天森林裏的其他動物一樣，會吃飯、喝水、睡覺。肉食性恐龍還要外出捕獵，捕不到獵物就只能餓肚子了。

## 原來牠們這樣交流

　　恐龍一般會用叫聲打招呼。除此之外，一些恐龍還會用氣味進行交流。當風中飄過其他恐龍的氣味時，這些恐龍就可以用牠們的鼻子及時接收信息。

這是我的領地！

## 恐龍消失了

　　對於「恐龍是怎麼滅絕的」這個問題，其實連科學家也不知道準確的答案。大家普遍認為，當時一顆小行星撞擊了地球，地球上的氣候突然變冷。在又冷又餓的環境下，恐龍就滅絕了。

嗚，我走了！

# 破解恐龍的身體密碼

## 恐龍的皮膚和顏色

　　恐龍的皮膚很厚，而且很有韌性，還可以防水。但恐龍的皮膚是甚麼顏色的呢？科學家們認為，成年恐龍身上可能會長着斑紋或斑點，具體的顏色還與牠們生活的環境有關。

劍龍

戟龍

斑龍

## 恐龍離不開尾巴

　　無論是肉食性恐龍還是植食性恐龍，都長着各具特色的尾巴。其實，對於恐龍來說，尾巴是必不可少的「好幫手」。有的恐龍的尾巴是防身的武器，有的可以保持身體平衡，有的則用來支撐沉重的身體。

## 有趣的鼻子

　　有些恐龍的鼻子長在腦袋頂上，當牠們被其他恐龍襲擊的時候，就跑到水裏，為了方便呼吸，只需要把頭頂的鼻子露出水面就可以了。

## 恐龍有耳朵嗎

　　恐龍當然是有耳朵的啦！要是沒耳朵，牠們就聽不到聲音了。不過，恐龍的耳朵從外面看，只是兩個洞。這是因為牠們雖然有聽覺系統，但是沒有外耳廓。

### 恐龍會飛嗎

其實恐龍不會飛！只是有些長羽毛的恐龍可以滑翔。在恐龍生活的時代，也有會飛的爬行動物。例如翼龍，但牠們不屬於恐龍。

### 恐龍會游泳嗎

有些恐龍會游泳！科學家在西班牙發現了恐龍用爪子在水底沉積物上保留下的痕跡。因為留下的是劃痕而不是爪印，說明恐龍的身體是漂浮着的，這就證明了有些恐龍會游泳。

## 恐龍怎麼行走

　　恐龍和現生爬行動物不同，牠們的四肢能像哺乳動物一樣直立着地。有些恐龍用四肢行走，有些恐龍只需要後肢就能行走。而有些更靈巧的恐龍用四肢或是後肢都可以行走。

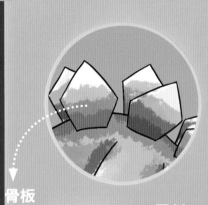

骨板

尾刺

劍龍的樣子很奇怪，背上長着兩排像劍一樣的骨板，尾巴上還有四根尖利的尾刺，所以牠還有個名字 —— 骨板龍。

我和你一樣，都有兩米高。

### 會走路的「小山」

劍龍和現在的大象個頭差不多。不過，牠可沒有大象那麼「漂亮」。劍龍的前肢短、後肢長，走起路來慢吞吞的，遠遠看上去，就像一座拱起的小山。

## 「笨笨」的傢伙

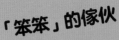

　　劍龍是劍龍科家族中最為龐大的一員。但是，科學家根據一具保存完整的劍龍頭骨推測出劍龍的腦容量非常小，所以，劍龍可能不太聰明。

我有劍，我不怕你！

有人認為，劍龍身上的骨板是用來：

1. 警告敵人；

2. 武器，遇到危險時對着敵人；

3. 模擬蘇鐵類的植物來保護自己。

劍龍檔案

分佈：北美洲、亞洲

時間：侏羅紀晚期

身長：4~9 米

體重：2~4 噸

三疊紀時期的恐龍要數板龍的個子最大了，牠的身長有 2～3 輛小轎車加起來那麼長。

## 板龍會直立着吃飯

大個子板龍的胃口可不小。有時牠把地面上的植物葉子吃完後，肚子還不飽，就會直立起來吃掉樹梢上的葉子。

### 板龍檔案

分佈：歐洲
時間：三疊紀晚期
身長：6~8 米
體重：約 5 噸

你怎麼突然直立起來了？

## 胃裏的石頭作用大

　　板龍總是喜歡吞一些小石頭。當板龍吞下食物的時候，牠的胃就成了一台「碾磨機」。只要胃蠕動，石頭就跟着滾動起來，而食物會被碾得很碎很碎，這樣消化起來就容易多了。

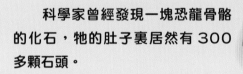

　　科學家曾經發現一塊恐龍骨骼的化石，牠的肚子裏居然有 300 多顆石頭。

遺跡化石

實體化石

　　恐龍生活時留下的痕跡，包括足跡、巢穴、糞便等也可以成為化石，這些化石被稱為遺跡化石。

　　恐龍遺留下來的身體部位，如牙齒和骨骼化石是最常見的，被稱為實體化石。

副櫛（zhì）龍的頭上長着長長的頭冠，就像戴了一頂高帽子。牠的這頂「帽子」竟然能長達 1.8 米！

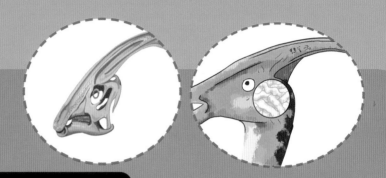

## 副櫛龍的頭冠

副櫛龍的頭冠是中空的，空氣在頭冠中震動，可以發出鳴叫聲，這種聲音可以傳到很遠。另外，由於頭冠內部空間很大，還可以幫助牠降低腦部的溫度。

副櫛龍生活在北美洲，牠平常散步和尋找食物的時候會用四隻腳走路。當遇到其他恐龍襲擊時，就會改用兩隻腳奔跑。

### 副櫛龍的牙齒

　　副櫛龍有堅硬的喙嘴，嘴裏長着數百顆牙齒，而且牠的牙齒能不斷地長出新的來。在進食的時候，副櫛龍首先用牠們的喙狀嘴切割植物，然後將植物送進嘴裏。在吃食物的時候，牠們只用其中的一小部分牙齒，這樣可以儘量減少牙齒的損耗。

副櫛龍檔案
分佈：北美洲
時間：白堊紀晚期
身長：9~10米
體重：約 2.5 噸

雄副櫛龍的頭冠

雌副櫛龍的頭冠

打雷？

科學家根據雷龍龐大的身軀，推斷牠們行進的時候會發出猶如雷聲的巨響，所以，給牠起名為雷龍。

## 大胃王

雷龍進食時可不會細嚼慢嚥，而是大口大口地把食物吞下去。一群雷龍甚至可以在短短幾天時間內，吃掉一整片樹林。

雷龍體形巨大，頭能伸到六層樓那麼高，一個腳掌的面積就有一把完全撐開的傘那麼大。

## 雷龍真正的名字

其實，雷龍真正的名字應該叫迷惑龍。但是大家已經習慣了「雷龍」這個稱呼，所以只有科學家才叫牠迷惑龍。

雷龍的四肢非常粗壯，後肢比前肢稍長。牠們可以用後肢和尾巴作為支撐，直立起來。

應該叫迷惑龍！

大家只知道雷龍！

脖子和尾巴差不多長。

## 雷龍檔案

分佈：北美洲
時間：侏羅紀晚期
身長：約 23 米
體重：約 27 噸

### 恐龍的飯量大嗎

　　恐龍家族中，大個子還真不少。梁龍一天能吃掉 1～2 噸植物，而霸王龍一次可以吃下 200 多千克肉。不過牠一次吃飽了，就可以幾天不吃東西了。其實相對於恐龍的身材來說，牠們的飯量其實不算很大。

戟龍長得比較特別，所以能很容易地被辨認出來。遠遠看過去，戟龍的腦袋像是一個插滿武器的兵器架。

一點兒都不痛！

戟龍身上有堅硬的鱗片，這樣牠就不會輕易地被劃傷，還能防止蟲子的騷擾。

## 戟龍的樣子真可怕

戟龍的鼻子上長着長長的尖角，可以刺穿敵人的身體。此外牠們還長着厚實的頭盾，頭盾上也有4～6個尖角，這都是牠們的武器。雖然有這麼多武器，但戟龍一般不輕易參加戰鬥，很多時候，牠們往那兒一站，不少敵人就會被嚇跑了。

鼻角

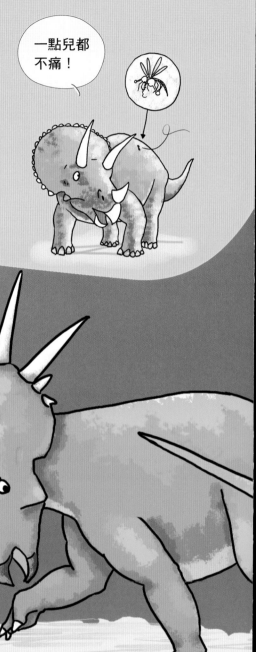

## 戟龍吃飯很隨意

戟龍的嘴又長又窄，牙齒的形狀像樹葉，可以輕鬆地拉扯和切割食物。由於牠們的頭部抬不高，所以戟龍主要吃一些生長在低處的植物。當然，牠們在很餓的情況下，可能也會用頭、嘴或身體，去撞倒高一些的植物，然後再吃。

你竟然敢咬戟龍？

**戟龍檔案**

分佈：亞洲、北美洲
時間：白堊紀晚期
身長：約 5.5 米
體重：約 3 噸

　　雷龍那巨大的身體已經讓人驚歎不已，其實牠還不是恐龍世界裏最大的恐龍，地震龍比雷龍還要大呢。

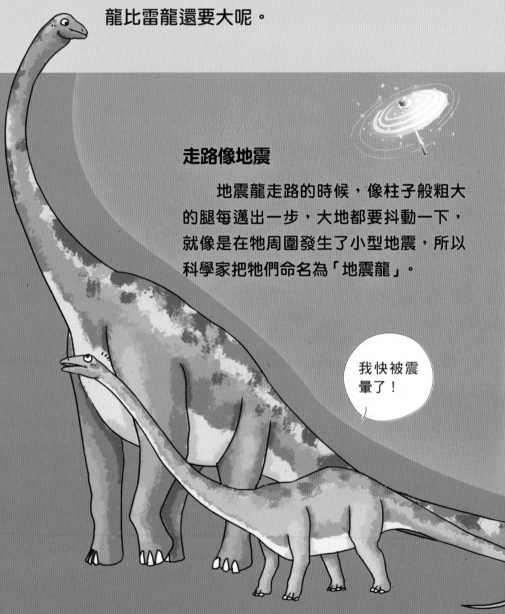

### 走路像地震

　　地震龍走路的時候，像柱子般粗大的腿每邁出一步，大地都要抖動一下，就像是在牠周圍發生了小型地震，所以科學家把牠們命名為「地震龍」。

我快被震暈了！

## 地震龍的武器

　　地震龍都有着長脖子、小腦袋和長長的尾巴。地震龍的尾巴就有一噸多重，相當於兩頭水牛的重量。牠可以幫助地震龍抵禦敵人或趕走其他動物。地震龍即使在進食的時候，尾巴也在不斷抽打，生怕敵人偷襲牠。

小小的腦袋

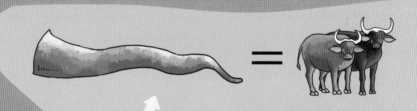

柔軟的尾巴

### 地震龍檔案

| | |
|---|---|
| 分佈： | 北美洲 |
| 時間： | 侏羅紀晚期 |
| 身長： | 32~36 米 |
| 體重： | 31~40 噸 |

糞便化石

　　地震龍一天可以吃掉一噸多的食物，是現在的大象食量的十倍。告訴大家一個祕密，地震龍的糞便就有一人高。

禽龍是全世界第二種被正式命名的恐龍，牠的頭跟馬的頭很像，都是長長的。

## 靈活的前肢

靈活的前肢是禽龍的一大特點，牠的前肢甚至與後肢的長度差距很小。前肢上的五個指頭的功能也不一樣。

禽龍的「大拇指」上有一根骨質尖刺，可以作為抵禦敵人的有效武器。

長在中間的三個指頭末端呈蹄狀，對行走很有幫助。

第五個指頭非常靈活，能配合其他的指頭抓東西。

## 強壯的後肢

禽龍的後肢十分強壯，但牠無法以四足形態快速奔跑。被獵食者追殺時，牠會立即收起前肢，靠兩條強壯的後肢逃跑。禽龍以二足奔跑的最高速度估計為每小時 24 千米。

禽龍檔案

分佈：歐洲、北美洲
時間：白堊紀早期
身長：9~10 米
體重：約 7 噸

禽龍的性格很溫和，喙狀的嘴裏牙齒替換生長，主要以蕨類植物、蘇鐵、針葉樹類植物等作為食物。

23

大椎龍是最早的以植物為食的恐龍之一，又被稱為巨椎龍，拉丁文名字的中文意思是「有巨大脊椎骨的蜥蜴」。

## 大椎龍的身體

大椎龍的脖子和尾巴都很長。當牠直立起來的時候，頭能離開地面 5～6 米，所以能夠吃到樹頂上的嫩樹葉。不過和身體比起來，牠的頭實在是太小了。

大椎龍的牙齒

大椎龍的頭骨

仔細看大椎龍嘴裏的牙齒，靠前的牙齒帶着鋸齒，而且很堅固。有科學家認為平時牠會用前部的牙齒撕咬獵物，而用後部的牙齒吃植物。

推倒！

大椎龍的大「手掌」

## 大椎龍的祕密武器

　　大椎龍的祕密武器就是牠的拇指上長着的又長又彎的爪子。當牠被其他恐龍攻擊的時候，這可是一件很厲害的防禦武器。除此之外，牠的拇指還可以幫助牠們撿起不小心掉在地上的食物。

25

# Q：誰發現了**恐龍**

**01** 190 多年前，英國南部蘇塞克斯郡一個叫作劉易斯的小地方，住着一位鄉村醫生，他的名字叫曼特爾。曼特爾業餘時間非常喜歡研究化石。在他的帶動下，他的太太也成了一位化石採集高手。

**02** 1822 年 3 月的一天，因擔心在外行醫的丈夫會着涼，曼特爾夫人決定給丈夫送外套。但在路上，她無意中發現，路邊裸露的巖石中有些很奇怪的化石。

**03** 好奇心讓曼特爾夫人把化石帶回家中。沒過多久，曼特爾先生也回家了。同樣，當見到這些化石之後，他也驚呆了。見多識廣的曼特爾先生從未見過這麼大、這麼奇特的化石。

**04** 隨後不久、曼特爾先生又在發現化石的地點附近找到了許多類似的牙齒和骨骼化石。百思不得其解的曼特爾先生決定請教當時世界上最有名的動物解剖學家 —— 法國的居維葉。

05 居維葉認為，牙齒化石是犀牛的，骨骼化石是河馬的，這些化石都不會太古老。曼特爾覺得這個結論太草率，所以，他決定繼續考證。

06 曼特爾先後又查閱了大量的資料，並在兩年後的一天，偶然結識了一位在倫敦皇家學院博物館研究鬣（liè）蜥的博物學家。

07 經過與鬣蜥標本的對比，他們得出結論：這些化石屬於一種與鬣蜥同類，但已經滅絕了的古代爬行動物，並把牙齒化石命名為「鬣蜥的牙齒」。

08 隨着人類對遠古動物認識的逐漸深入，我們終於知道，當初曼特爾夫婦發現的就是禽龍，這也是最早被發現的恐龍。

# 第二章 肉食性恐龍

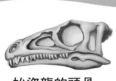

始盜龍的頭骨

### 始盜龍的發現

　　始盜龍的化石是在一片荒涼的土地上發現的。當一具很完整的恐龍骨骼呈現在人們面前時，所有人都震驚了。

　　始盜龍跟後來的恐龍相比，個子實在太小了，即使成年後，也只有 6～10 千克重，和今天的一隻小狗差不多大。

始盜龍檔案

| 分佈：南美洲 |
| 時間：三疊紀晚期 |
| 身長：約 1.5 米 |
| 體重：6～10 千克 |

　　可千萬別小看始盜龍，後來的很多恐龍，甚至包括可怕的霸王龍可能都是由牠進化出來的。

## 習慣不好改

　　始盜龍走路的樣子很有趣，牠雖然主要用兩條腿走路，但偶爾也會「手腳」並用地爬，樣子像隻蜥蜴。這是因為牠才進化成恐龍，有些舊的習慣一下子還改不過來。

牙齒既有肉食性恐龍的特徵，又有植食性恐龍的特徵。

我們真像！

　　始盜龍的爪上有五個指頭，但後來出現的肉食性恐龍，爪上的指頭就只有四個或三個了。這是科學家判斷始盜龍是恐龍祖先的重要依據。

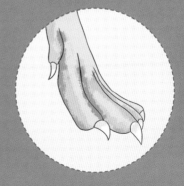

# 短跑能手腔骨龍

　　腔骨龍又叫虛形龍，意思是「骨頭中空的恐龍」。牠的骨骼很薄而且中空，所以體重很輕，動作敏捷。牠更像是放大並拉長的鳥，不過牠身上可是沒有羽毛的。

## 團結就是力量

　　腔骨龍的個子不大，要是靠自己單獨打獵的話，可完全不是那些大個子動物們的對手。所以，牠們喜歡一小羣、一小羣地活動。

## 名聲不太好

　　腔骨龍的名聲其實不太好。這是因為牠比較殘忍，在找不到吃的東西時，就可能打自己同伴的主意了。據科學家推測，如果牠餓急了，就會殘殺自己的同類，甚至還吃同類中的幼年恐龍。

一顆顆尖牙幫助牠們撕咬獵物的皮肉。

奔跑時，尾巴向後伸直來保持身體平衡。

鋒利的爪子可以緊緊地抓住獵物。

### 腔骨龍檔案

分佈：北美洲

時間：三疊紀晚期

身長：2.5~3 米

體重：15~30 千克

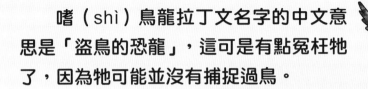

嗜（shì）鳥龍拉丁文名字的中文意思是「盜鳥的恐龍」，這可是有點冤枉牠了，因為牠可能並沒有捕捉過鳥。

嗜鳥龍的大眼睛顯示了超凡的視力。

## 獨特的頭部

嗜鳥龍頭部的後側有些小小的鱗片，當牠們覺得有危險發生的時候，這些鱗片還會豎立起來。

三個指頭上都有鋒利的爪子。

嗜鳥龍是個小個子

## 嗜鳥龍檔案

分佈：北美洲

時間：侏羅紀晚期

身長：1.8~2米

體重：10~13千克

## 小個子也厲害

　　嗜鳥龍的個子跟現在的牧羊犬差不多大。但牠的視覺和嗅覺都非常好，能夠遠遠地發現奔跑或躲藏着的蜥蜴、青蛙還有其他的小動物。一旦捉住了獵物，嗜鳥龍馬上就會用自己鋒利的牙齒把牠們咬碎，然後美滋滋地吞到肚子裏去。

起初科學家以為嗜鳥龍的尾巴是拖在地上的，後來才斷定，行進時牠的尾巴是懸在空中的，起平衡作用。

## 捕捉動物的利器

　　嗜鳥龍像人一樣有兩隻「手」，不過每隻「手」上只有三個指頭，兩個較長，一個較短。較短的指頭可以像人的大拇指一樣向內彎曲抓緊東西。嗜鳥龍的三個指頭上都有鋒利的爪子，這樣被抓到的獵物就更加難以逃脫了。

異特龍個體雖然沒有霸王龍大，但是牠具有比霸王龍更加粗大，且更適合捕殺其他恐龍的前肢。因此也有些科學家認為，異特龍才是地球上有史以來最強大的食肉動物。

## 粗壯的後腿

異特龍的兩條後腿很粗壯，相比起來前肢就短小多了。不過牠的前肢有很強的攻擊力，因為上面長着三個指頭和大型的指爪，爪子的長度甚至能達到 35 厘米。

指爪長 35 厘米

異特龍也叫躍龍，用兩足行走。異特龍眼睛的上方有一對角冠，是用來聯繫或警告自己同類的標誌。

一對角冠

## 大大的腦袋

　　異特龍的腦袋很大，因此可以吞下大塊的食物。在牠的嘴裏，長着幾十顆像刀子一樣可怕的牙齒。異特龍的牙齒邊緣是鋸齒狀的，很容易脫落，但會不斷地長出新牙，所以現在最常見的恐龍牙齒化石就是異特龍的牙齒。

大大的腦袋

這裏是我的地盤！

　　在一般情況下，異特龍是獨自捕獵的，牠們還會劃分出屬於自己的狩獵領地。當異特龍獵殺到其他恐龍後，如果沒有得到「主人」的允許，其他任何恐龍都不能靠近牠的戰利品，即使是同類也不可以。

**異特龍檔案**

分佈：非洲、大洋洲、北美以及中國
時間：侏羅紀晚期
身長：7~9.7 米
體重：1.5~3.6 噸

在肉食恐龍中，頭上長角的可不多見。角鼻龍就是這樣一種兇猛的、鼻子上長着尖角的肉食性恐龍。

## 角鼻龍會游泳

角鼻龍只能算是一種中等體形的肉食性恐龍，但非常靈活。有些科學家推測，牠跟許多動物一樣會游泳，能在水裏捕獵，並且通常能獵殺到體形比自己大兩三倍的植食性恐龍。

北極熊也會游泳

魚生下來就會游泳

水牛很會游泳

**角鼻龍檔案**

分佈：北美洲、非洲
時間：侏羅紀晚期
身長：4.5~6 米
體重：約900 千克

我會游泳哦！

## 角鼻龍VS異特龍

　　角鼻龍和異特龍比起來，個子要矮小一些，身體也要細長一些，所以在樹叢裏活動起來更加靈活。而異特龍的腿較長一些，跑起來的速度也更快，因此喜歡在平原活動。

用途不明的角。

小異特龍

前肢短，
靠後肢行走。

　　角鼻龍個頭不大，只能算是中等，但嘴裏尖利的牙齒幫助牠成為侏羅紀晚期兇殘的肉食性恐龍之一。

## 迅速出擊

　　從角鼻龍的身體構造來看，修長的後腿和尾巴、堅實的骨骼，都和現代的短跑冠軍 —— 獵豹的身體特徵十分相似。由此可見，角鼻龍也是一個短跑高手，牠的長尾巴則幫助牠控制方向和平衡腦袋的重量。

說到霸王龍，相信每個人都不會陌生。霸王龍是暴龍的一種，算得上是恐龍世界裏殘暴的國王了。

## 恐龍王國的霸主

霸王龍長着巨大的腦袋，牙齒呈鋸齒狀，向後彎曲着，以別的大中型恐龍為食。雖然霸王龍很厲害，但出現得比較晚，是恐龍即將滅亡前的一類種羣。

霸王龍準備用鋒利的牙齒咬斷獵物的脖子。

## 打了孔的頭骨

　　最大的霸王龍頭骨約有 1.5 米長。頭上還有些洞孔，可以減輕頭部的重量。

## 擅長攻擊的身體構造

　　霸王龍的後肢強健粗壯，尾巴不算太長，可以向後挺直以平衡身體。強健的後肢讓霸王龍奔跑起來速度可以達到每小時 40 千米以上，很少有獵物能逃過牠們的追殺。

## 鋒利的牙齒

　　霸王龍嘴裏靠近前部的牙齒像一把把匕首，後部的牙齒外形像香蕉。如果算上齒根，霸王龍最大的牙齒有 30 厘米長，可以輕易咬碎一般恐龍的骨頭。

30 厘米

　　霸王龍重重的尾巴可是個好幫手，能幫牠保持身體的前後平衡。要是沒有了尾巴，霸王龍可就一點兒也神氣不起來，因為牠只要一抬起頭來，就會因為失去平衡而摔跤。

### 霸王龍檔案

分佈：北美洲
時間：白堊紀晚期
身長：12~15 米
體重：8~14.85 噸

# 伶盜龍是個聰明的傢伙

大家都喜歡看像霸王龍這樣巨大兇猛的肉食性恐龍，可是，並不是所有的肉食性恐龍都是大塊頭。一些小型的肉食性恐龍也同樣很兇猛，例如伶盜龍。

## 短跑健將

如果把伶盜龍的尾巴去掉，牠們的體形其實比今天的火雞大不了多少。不過，牠們是名副其實的短跑健將，奔跑起來速度很快。

伶盜龍的名字很多，快盜龍、速龍、迅猛龍等都是牠的名字。

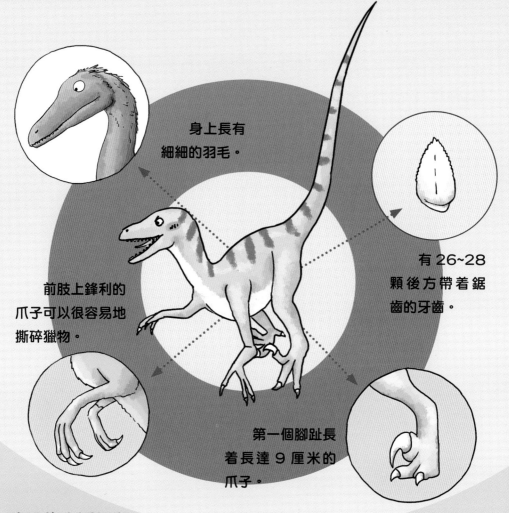

身上長有
細細的羽毛。

有 26~28
顆後方帶着鋸
齒的牙齒。

前肢上鋒利的
爪子可以很容易地
撕碎獵物。

第一個腳趾長
着長達 9 厘米的
爪子。

## ⋯⋯▶ 聰明的小矮個兒

　　當伶盜龍發現獵物時，會配合同伴，用前
肢上的爪子抓住獵物的身體，用腿上的鐮刀爪
猛扎入獵物的要害。這時，有同伴會用嘴撕咬
獵物的脖子，獵物就會很快被殺死。

伶盜龍檔案

分佈：蒙古
時間：白堊紀晚期
身長：1.5~2 米
體重：約 15 千克

我們的世界裏有國王，恐龍的世界裏也有國王；我們的世界裏有短跑健將，恐龍的世界裏也有短跑健將。那我們的世界裏有小偷，恐龍的世界裏也有小偷嗎？

原角龍的蛋化石

我在孵化自己的蛋！

### 竊蛋龍真冤枉

科學家第一次發現牠的骨骼化石時，還在這些化石的下面發現了一些似乎是原角龍的蛋化石，於是便推測竊蛋龍正在偷吃其他恐龍的蛋，所以給牠起了這個名字。後來發現，這些蛋其實是竊蛋龍自己的。

**竊蛋龍檔案**

分佈：蒙古
時間：白堊紀晚期
身長：約2米
體重：約33千克

## 竊蛋龍也吃肉

　　雖然在命名的時候可能冤枉了竊蛋龍，但是在竊蛋龍的胃部曾發現過蜥蜴的化石，說明牠也是吃肉的。竊蛋龍本身的個子不大，但嘴巴上的喙嘴可以很輕鬆地啄破恐龍的蛋殼，為了生存下去，牠或許也會去偷別的恐龍蛋。

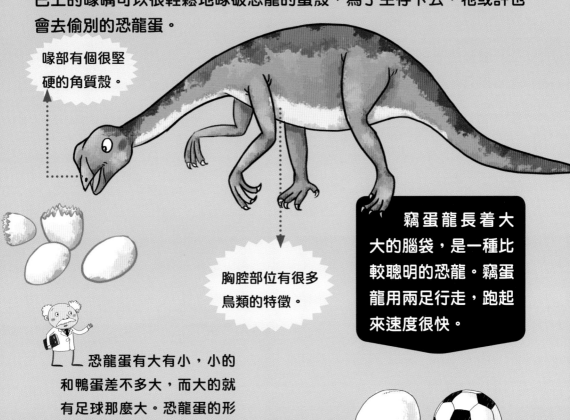

喙部有個很堅硬的角質殼。

胸腔部位有很多鳥類的特徵。

竊蛋龍長着大大的腦袋，是一種比較聰明的恐龍。竊蛋龍用兩足行走，跑起來速度很快。

　　恐龍蛋有大有小，小的和鴨蛋差不多大，而大的就有足球那麼大。恐龍蛋的形狀也是多種多樣的，有圓形、卵形、橢圓形和橄欖形。不同的恐龍蛋，蛋殼的樣子也不同，有的光滑，有的表面有小斑點，有的表面還有條紋。

在恐龍的世界裏，有一種大型食肉恐龍 —— 棘龍，牠們長相奇特，頭部又扁又長，和現在的鱷魚很像。

鱷魚

棘龍

棘龍的頭骨差不多有一米長。

棘龍的前肢非常健壯，尖利的前爪可以輕易地撕開獵物的皮肉。

## 棘龍就是森林裏的「大帆船」

棘龍的背上有一個巨大的帆狀物。這個大「帆」由幾根巨大的長刺支撐，中間由肌肉和皮膚連接。遠遠看去，在森林裏行走的棘龍，就像一艘在綠色的海洋中行進的大帆船。

## 兇狠的棘龍

和霸王龍相比，棘龍不僅可以更輕易地咬死獵物，而且可以憑藉兩隻健壯的前肢和可怕的爪子輔助捕獵。

棘龍的背帆高達兩米。

有背帆就是涼快！

出來曬曬太陽！

棘龍檔案

分佈：北非、南美洲
時間：白堊紀中期
身長：12~19米
體重：4~18噸

科學家們發現，在棘龍背帆的內部有大量的血管。當牠想要升高自己的體溫時，就把背帆對着太陽，太陽光會使背帆中血液的溫度上升；當牠想降低自己的體溫時，就可以走到陰涼的地方，通過血液在背帆裏流動，散發出體內的熱量。

# 重爪龍喜歡吃魚

恐龍生活的最後一段時期，動物、植物都很繁盛。這時的江河湖泊裏，也出現了更多的魚類，同時還出現了以魚類為食的恐龍，重爪龍就是其中最典型的代表。

最早的重爪龍化石是在英國被發現的，這塊化石屬於一隻幼年個體。

細長的尾巴幫助身體保持平衡。

拇指上有超過30厘米的鈎爪。

## 捕魚能手

重爪龍脖子很長，上頜的前端有段曲折的結構和鱷魚很像，嘴裏長着鋸齒狀的牙齒，牙齒數量共有近130顆，很適合咬住滑溜溜的魚，然後整條吞下。

上頜的前端

鱷魚

## 重爪龍的爪子很沉

　　從重爪龍的名字來看，牠是有着沉重的爪子的恐龍。確實如此，牠的前肢很強壯，有三個強有力的指頭，特別是拇指，粗壯巨大，上面有一個超過 30 厘米長的鈎爪。

前肢第一指爪復原圖

### 重爪龍檔案

分佈：非洲
時間：白堊紀早期
身長：8~10 米
體重：2~4 噸

頭部復原圖

　　科學家在一些重爪龍的肚子裏發現了禽龍的骨頭，但是從牠的牙齒和體形來看，似乎不足以獵食大中型恐龍。也許重爪龍除了吃魚還會吃腐屍，牠的長嘴可以伸進死掉的恐龍肚子裏，吃掉柔軟的內臟。

# 遊戲時間

## 記憶力大考驗

小朋友們還記得這些恐龍的名字嗎？請說出牠們的名字，並讓爸爸媽媽寫下來。

(        )

(        )

(        )

(        )

(        )

(        )